• 과학 교과서 관련 •

6학년 2학기
1. 전기의 이동

꼼짝지히어로

⑤ 짜릿짜릿 흐르는 전기

1판 1쇄 인쇄 2024년 11월 11일 | 1판 1쇄 발행 2024년 11월 28일

서지원 글 | 이진아 그림 | 와이즈만 영재교육연구소 감수

발행처 와이즈만 BOOKs | **발행인** 염만숙
출판사업본부장 김현정 | **편집** 양다운 이지웅
디자인 윤현이 | **마케팅** 강윤현 백미영 장하라

출판등록 1998년 7월 23일 제 1998−000170 | **제조국** 대한민국
주소 서울특별시 서초구 남부순환로 2219 나노빌딩 5층
전화 마케팅 02−2033−8987 | **편집** 02−2033−8983 | **팩스** 02−3474−1411
전자우편 books@askwhy.co.kr | **홈페이지** mindalive.co.kr | **사용 연령** 8세 이상

ISBN   979−11−92936−51−2 74400
         979−11−90744−96−6 (세트)

ⓒ 2024 서지원 이진아
이 책의 저작권은 서지원 이진아에게 있습니다.
저자와 출판사의 허락 없이 내용의 일부를 인용하거나 발췌하는 것을 금합니다.
잘못된 책은 구입처에서 바꿔드립니다.
• 와이즈만 BOOKs는 (주)창의와탐구의 출판 브랜드입니다.

초능력 과학동화

빨간 내복의

코딱지히어로

서지원 글 ㅣ 이진아 그림 ㅣ 와이즈만 영재교육연구소 감수

5 짜릿짜릿 흐르는 전기

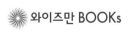

와이즈만 BOOKs

과학을 맛있게 즐기는 방법, 호기심 가득한 눈으로 세상을 봐요!

　과학을 무척 좋아하는 어린이 친구가 있었어요. 하지만 학년이 올라가면서 과학과 점점 멀어지게 되었어요. 그리고 한숨을 쉬며 말했어요.

　"과학은 신기하고 재미있는 놀이인 줄 알았는데, 과학 수업 시간만 되면 뇌가 돌로 변하는 것 같아요. 어려운 과학 용어만 봐도 생각이 멈춰 버려요."

　어렵기만 한 과학을 포기해야 할까요? 과학이 어렵게 느껴지는 건 본격적으로 과학 수업 내용에서 '암기'가 시작되는 순간부터일 거예요. 그렇다면 과학의 즐거움을 되찾을 방법은 없을까요?

　과학 공부는 교과서로만 하는 게 아니에요. 우리 주변에 어디든 과학 원리가 녹아 있고, 과학 정보가 생생하게 살아 숨 쉬고 있지요. 과학과 친해지는 첫걸음은 우리 주변을 살펴보는 것에서 시작된답니다. 호기심 가득한 눈으로 세상을 바라보는 것이 바로 '관찰'이니까요. 하지만 관찰만으로는 우리의 호기심을 모두 채우지 못할 거예요. 그래서 경험이 필요하지요. 이렇게 세상을 경험하는 과정이 '실험'이랍니다. 관찰과 실험을 통해 과학적 사고력과 탐구력이 쑥쑥 자라게 될 거예요.

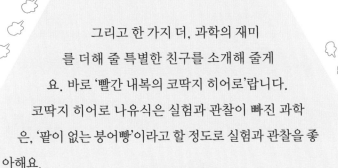

그리고 한 가지 더, 과학의 재미
를 더해 줄 특별한 친구를 소개해 줄게
요. 바로 '빨간 내복의 코딱지 히어로'랍니다.
코딱지 히어로 나유식은 실험과 관찰이 빠진 과학
은, '팥이 없는 붕어빵'이라고 할 정도로 실험과 관찰을 좋
아해요.

"과학은 암기가 아니야. 과학을 즐기려면 실험과 관찰을 해야 해."

냉장고에 붙이는 자석 장식, 가방에 달린 자석 단추, 방향을 확인하
는 나침반 등 일상생활에서 자석은 다양하게 쓰여요. 또 우리가 사는
지구가 거대한 자석이라는 사실을 알고 있나요? 이처럼 우리 삶과 떼
려야 뗄 수 없는 자석에 대해 알아볼까요?

유식이와 함께 호기심 가득한 눈으로 세상을 바라보고 미스터리한
사건을 해결해 보세요. 그러는 동안 자연스레 과학의 원리까지도 깨
닫게 될 거예요. 그럼 모두 초능력자가 될 준비가 되었나요? 이제 악
당을 잡으러 출동해 볼까요?

서지원

나 나유식은 어느 날 별똥별을 주우면서 초능력이 생겼다. 신기하게도 과학 지식을 하나씩 깨달아 갈 때마다 초능력은 늘어 갔다. 그때 난 결심했다. 초능력을 키워 지구를 구하는 슈퍼 히어로가 되겠다고 말이다. 물론 아직은 코딱지 히어로일 뿐이다. 고작 동네를 지키는 히어로는 시시하다고? 과연 그럴까? 기대해도 좋을걸? 기상천외한 모험과 스펙터클 액션이 펼쳐질 거란 말씀!

나유식

내 이름은 나유식, 별명은 너무식. 칭찬이라곤 받아 본 적 없는 말썽쟁이야. 하지만 내가 피운 말썽은 호기심 때문이라고. 난 호기심이 지독하게 많거든. 이건 비밀인데 사실 나는 아는 게 되게 많아. 단지 내가 알고 있는 게 교과서에 나오지 않아서 억울할 뿐이야.

빨간 내복의 코딱지 히어로

어느 날 하늘에서 떨어진 코딱지만 한 별똥별을 콧구멍 속에 넣은 후부터 초능력자가 되었어. 지금은 비록 우리 동네의 안전과 평화를 지키는 코딱지 히어로일 뿐이지만 언젠가 지구를 구하는 차세대 슈퍼 히어로가 될 몸이야. 사람들은 내 정체를 궁금해해. 너희도 궁금하다고? 나야 나, 나유식!

사이언스 패밀리

우리 가족은 과학으로 똘똘 뭉쳐 있어. 아빠는 발명가의 꿈을 키워 나가는 가전제품 회사의 연구원이자 유튜버지. 엄마는 고등학교 과학 선생님이야. 그리고 이건 정말 신기한 일인데, 우리 누나는 전교 1등이야. 과학 영재라나 뭐라나.

아빠　　　엄마　　　누나

공자

나와 제일 친한 친구야. 공자의 이름은 '공부를 잘하자'의 줄임말이래. 하지만 공자는 나만큼 공부를 못해. 공자에게서는 늘 좋은 냄새가 나. 바로 짜장면 냄새! 공자네 집은 중국집을 하거든. 공자네 짜장면은 세상에서 제일 맛있어.

송희주

희주는 웃는 얼굴이 예쁘고, 웃음소리가 재미있어. 그리고 똑똑해서 희주가 하는 말에는 늘 귀 기울이게 돼. 그래, 맞아. 나는 희주를 좋아해! 이건 제일 친한 친구 공자에게도 말하지 못한 비밀이야. 너희만 알고 있어야 해!

내 이름은 나유식, 별명은 너무식.

나는 내가 유식한 것도 같고, 무식한 것도 같다.

만약 내가 이름처럼 엄청나게 유식했으면 강력한 초
능력자가 되었겠지만, 나는 좀 무식해서 좀 부족한 초능
력자가 되었다.

우리 반 담임이신 에 선생님께서 전기는 어디에서 생기는 것인지 알아 오라는 숙제를 내셨다.

전기는 늘 사용하고 있는 것이지만, 정작 어디에서 어떻게 생기는 것인지 알 수 없었다. 소파에 누워서 전기에 대해 태블릿으로 검색해 봤다. 하지만 곧 부엌에서 엄마가 요리하는 소리가 들려오자 온 정신이 거기로 쏠리고 말았다.

톡-톡-

접시 위에 죽은 개구리가 배를 뒤집고 누워 있었다. 엄마는 전선을 개구리에 갖다 댔다.

꿈틀꿈틀-. 개구리 다리가 움직였다!

"어, 엄마, 죽은 개구리가 다시 살아났어요!"

"우리 유식이, 고기 먹어야지?"

아빠가 냉장고 문을 열었다.

파직~

움찔

움찔~

냉장고 안에 소머리와 말 머리가 있었다. 아빠가 코드를 갖다 대자 말 머리가 혀를 널름거렸다. 소머리의 눈동자가 빙글빙글 돌아가고, 귀가 부르르 떨렸다.

나는 비명을 지르며 일어났다. 태블릿을 보다가 잠들
었는데, 인터넷에서 본 사진이 꿈속에 나온 모양이었다.

요즘은 인터넷에 가짜 과학이 너무 많다. 이런 건 내
초능력 개발에 도움이 하나도 안 된다.

전기는 어디에서 생기는 걸까? 가끔 희주랑 손을 잡으
면 따끔따끔 찌릿찌릿하다. 흠, 전기는 사랑에서 나오는
게 아닐까? 헤헷.

저녁 식사 시간, 아빠가 전기 프라이팬에 소고기를 구웠다. 지글지글 익어가는 소고기를 보고 있으니 꿈에서 본 소머리와 개구리가 생각났다.

"엄마, 인터넷에서 봤는데 개구리에서 전기가 나온다고 믿는 사람들이 있대요. 설마 진짜는 아니죠?"

엄마가 대답하려는 찰나, 누나가 끼어들었다.

"야 너무식, 그것도 모르냐? 당연히 진짜지. 이거 봐봐."

누나는 너튜브로 영상을 보여 줬다.

11

1780년, 이탈리아의 과학자 갈바니는 개구리를 해부하고 있었어요.

갈바니는 죽은 개구리를 금속 접시에 놓고 해부용 칼을 가져다 댔지요.

그런데 갑자기 죽은 개구리가 부르르 떨며 꿈틀거리는 게 아니겠어요? 그때부터 갈바니는 개구리에서 전기가 나온다고 믿었답니다.

움찔움찔

살았어?

분명 죽었는데…

이 소식이 전해진 후, 유럽에서는 죽은 동물을 움직이는 실험이 유행처럼 번져 나갔어요. 개구리는 물론, 개, 소, 양 등의 수많은 죽은 동물이 꿈틀거렸지요!

너무 놀라 입에 넣으려던 삼겹살을 툭 떨어뜨렸다.

머릿속으로 온갖 상상이 떠올랐다. 우리가 쓰는 전기를 지금 어디선가 동물에서 뽑아 쓰고 있다고? 발전소 안에 동물이 있었던 거야?

놀란 입이 다물어지지 않자, 엄마가 내 입에 다시 고기를 넣어 주었다.

뭐, 갈바니가 저런 주장을 한 건 사실이지.
갈바니 덕에 전기 연구가 활발해지기도 했고.

아~해!

아~

턱~

쳐~

　콧구멍 속의 별똥별에서부터 짜릿한 느낌이 들었다. 내
몸에도 개구리처럼 전기가 흘렀다. 초능력이 생기나 보
다! 그런데 초능력이 맘대로 되질 않아서, 전기가 온몸에
서 나올 것만 같았다. 전기에 관해 더 자세하게 알아야 하
는데…….

　"전기가 어디서 생기는지는 차차 알아보고, 어서 식사
부터 하자. 이러다 고기가 다 타겠어."

　푹, 초능력이 완성되지 못하고 말았다. 나는 실망한 얼
굴로 잠자리에 들었다.

다음 날, 자고 일어났을 때 누나가 나를 보고 비명을
질렀다.

"꺄아악!"

엄마와 아빠도 나를 보곤 흠칫 놀란 표정을 지었다. 거
울 속의 나는 머리카락이 대나무처럼 쭈뼛쭈뼛 서 있었다.

아이들이 내 머리카락을 보고 킥킥 웃었다. 얼굴이 빨개져서 더 빨리 달렸는데, 아이들이 달리는 빗자루 같다고 했다.

"너무식, 같이 가."

공자와 희주가 헐레벌떡 따라와 내 어깨를 잡았다.

"앗, 따가워!"

찌릿찌릿 따끔따끔 내 몸에서 전기가 흘렀다.

이건 다 어설픈 과학 공부 탓이다. 어설프게 과학을 공부하면 초능력이 어설퍼지고 조절이 안 된다.

교실에 도착한 공자는 에 선생님의 책상에 놓인 로봇을 가리켰다.

공자는 로봇의 양손을 잡고 질문을 해서 거짓말을 하면 불이 들어온다고 했다.

생각해 보니, 에 선생님 입장에서는 꾀병을 부리는 아이나 숙제를 집에 두고 왔다며 거짓말하는 아이를 찾아내려면 거짓말 탐지기가 필요할 것도 같았다.

"나부터 해 볼게. 뭐든 질문해 봐."

공자는 로봇의 손을 잡고 의자에 반듯하게 앉았다. 반장인 김치곤이 형사가 심문하듯이 질문했다.

"와!"하고 아이들이 손뼉을 쳤다. 아이들은 돌아가면
서 진실의 의자에 앉아 질문을 받았다.

이윽고 내 차례가 되었다. 난 하고 싶지 않았지만, 일
제히 내게 향하는 눈동자들을 무시할 수 없었다.

> 너무식은 사실은 유식하다.

그렇다고 대답하자 로봇은 놀리기라도 하듯 눈을 반짝였다. 푸하하하, 아이들이 배를 잡고 웃음을 터트렸다.

> 너무식은 세수하고 학교에 왔다.

> ……

이번에도 불이 들어왔다.
아이들이 바닥에 쓰러질 듯 웃어댔다.

> 너무식은 송희주를 사랑한다!

으앗, 대체 어떤 녀석이 질문한 거지?
"그……렇다?"
이번에도 불이 들어오길 빌며 기어 들어가는 목소리로 대답했다. 하지만 불은 들어오지 않았다.
"어엇? 불이 안 들어와! 너무식, 진짜로 송희주 좋아하는 거야?"

드르륵–. 때마침 에 선생님이 교실로 들어오셨다. 간신히 난처한 위기에서 벗어났다.

"에, 이 로봇을 갖고 실험해 보았나 보구나? 이 로봇의 이름은 전기 박사란다. 전기가 통하는 물체와 통하지 않는 물체를 알려 주는 실험 도구지."

"선생님, 거짓말 탐지기와 전기 박사는 다른 건가요?"

뭐, 결국 둘 다 전기가 흐르는 걸 측정하는 기계이니 비슷하다고도 볼 수 있겠지. 거짓말을 하면 피부에 땀이 흘러서 전기가 잘 흐르게 되는데, 진실 게임을 할 때 쓰는 거짓말 탐지기는 그걸 측정하는 거거든.

거짓말 아니라구요~ 진짠데…

삐~

공자가 씨익, 웃으며 아이들을 둘러봤다. 자기 생각이
맞다는 표정이었다.

결국, 나는 무식쟁이에, 세수 안 하는 더러운 아이에,
희주를 짝사랑하는 아이가 되고 말았다.

"그나저나 다들 숙제는 해 왔겠지?"

아이들은 선생님의 눈을 피하기 바빴다. 그러다 그만 나와 에 선생님의 눈이 마주치고 말았다.

"나유식, 숙제해 왔느냐?"

"일단 해 오긴 했는데요……."

전기는 죽은 개구리, 죽은 말 머리, 죽은 소머리에서 나온대요. 제가 어제 너튜브 영상으로 똑똑히 확인했어요.

아이들이 비명을 지르자, 에 선생님이 손을 저으며 말했다.

"그만, 그만! 아무래도 수업이나 해야겠구나."

에 선생님은 전기 박사를 꺼냈다. 나는 내가 거짓말을 한 것인지 확인하려는 줄 알고 긴장했다.

하지만 다행히도 선생님은 전기 박사에 나 대신 선생님이 챙겨 온 여러 가지 물건을 연결하셨다.

"전기가 잘 흐르는 물질을 도체, 전기가 잘 흐르지 않는 물질을 부도체라고 해. 전기 박사는 도체를 만나면 눈에 불을 켜서 알려 준단다. 자, 동전을 연결하니까 불이 들어오지? 동전도 도체라서 그래."

우리 주변엔 도체와 부도체의 특성을 활용한 물건이 많아. 예를 들어 전선의 겉은 부도체인 고무로 돼 있어서 사람들이 감전되지 않고 사용할 수 있어. 반대로 안쪽은 도체인 금속으로 채워져 있어서 전기가 잘 흐르지.

"이 전선으로 전기가 흐르는 길을 만들 수 있단다. 그걸 바로 전기 회로라고 부르지. 재밌게도 전기 회로에 건전지를 어떻게 연결하느냐에 따라 전기가 흐르는 방식이 달라져."

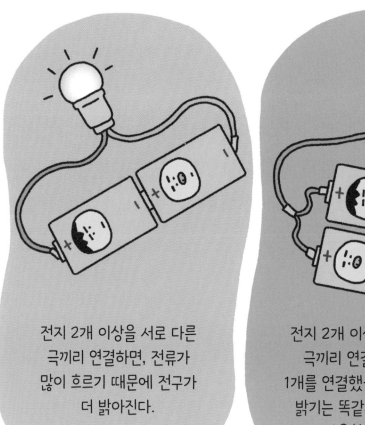

전지 2개 이상을 서로 다른 극끼리 연결하면, 전류가 많이 흐르기 때문에 전구가 더 밝아진다.

전지 2개 이상을 서로 같은 극끼리 연결하면, 전지 1개를 연결했을 때와 전구의 밝기는 똑같지만, 더 오래 사용할 수 있다.

'아, 직렬과 병렬!'

머리카락이 다시 삐죽삐죽 빗자루처럼 섰다.

아까 진실 게임을 했을 때도 그렇고, 아무래도 어설픈 초능력 때문에 내 몸과 주변 물건들이 도체가 됐다 부도체가 됐다 하는 모양이었다.

에 선생님은 당황하며 얼른 수업을 마쳤다.

"모두 숙제를 다시 해오도록 해라. 특히 나유식은 꼭 해오도록 해."

캠핑장에 숨겨진 도체와 부도체를 찾아보세요.

도체: 포크, 나이프, 압정, 멍키 스패너, 못
부도체: 빗, 곰 인형, 부채, 종이비행기, 유리병, 고무장갑, 붓, 야구공

우리 집 마당의 커다란 나무에는 비밀 기지가 있다. 비밀 기지에 들어올 자격을 가진 비밀 요원은 지구에 단 세 명뿐이다. 암호명 너무식, 희주쏭, 그리고 깐풍치킨 공자다.

수업이 끝나자마자 희주쏭과 깐풍치킨에게 임무 쪽지를 몰래 건넸다.

커먼~

요원들, 오늘 비밀 기지로 모이도록 하라.
전기가 어디에서 생기는지 그 수수께끼를 밝혀내라!

난 안 갈래. 너한테 가까이 가면 전기 때문에 따갑단 말이야.

그 머리 좀 어떻게 해 봐!

나도 그러고 싶어…

잠시만, 지금 내 주머니에 든 게 뭐지? 공룡알 통닭 무료 쿠폰이 아닐까?

멈칫~

움찔~

뭐?

치킨!

공룡알 치킨

유식아, 우리 몇 시까지 가면 된다고?

태세 전환 빠른 거 보소…

호호~

사삭

아이고~

훗~

쉽군!

31

희주와 공자가 오는 시간에 맞춰 자전거를 타고 60년 전통의 유명 맛집인 공룡알 통닭집으로 포장하러 갔다.

그런데 구급차가 공룡알 통닭집 앞에 서 있었고, 소방대원과 주인아저씨가 모니터를 보며 얘기를 나누고 있었다.

"아까 할아버지 손님이 가게 앞에서 심장 마비로 쓰러졌어요. 곧장 119를 부르긴 했지만, 한시가 급한 상황이었어요."

그때 지나가던 이 사람이 쓰러진 손님에게 다가왔어요. 할아버지의 가슴에 손을 올렸는데, 할아버지의 몸이 털썩 움직이는 거예요! 마치 심장 충격기라도 갖다 댄 것처럼요!

그때 배달을 다녀온 오토바이 아저씨가 끼어들었다.

"오, 그 사람, 저도 봤어요. 비가 억수로 쏟아지는 밤이었는데, 오토바이의 배터리가 다 닳아서 시동이 안 걸렸걸랑요? 그때 그 사람이 손을 대니까 부릉, 시동이 걸리더라니까요. 오홋!"

오토바이 아저씨는 그 사람이 후드를 머리에 쓰고, 한밤중에 선글라스에 마스크까지 하고 있었다고 했다.

통닭을 들고 비밀 기지로 돌아와서 심장과 전기에 관해 찾아봤다.

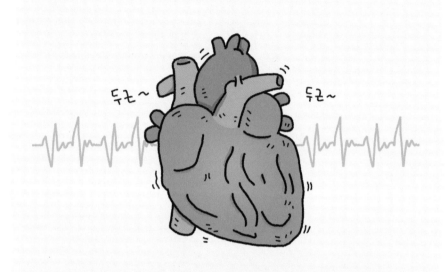

심장은 전기로 뛴다. 심장 안에는 뇌의 신호를 받아 전기를 만드는 근육이 있다. 그곳에서 1분에 60~100번의 전기 신호를 만들어 보내면, 심장은 오므라들었다가 펴지는 동작을 반복한다. 심장이 멈추면 전기로 충격을 준다. 그러면 전기는 다시 심장을 뛰게 한다.

내 심장이 전기로 움직인다니?! 충격적인 사실이었다. 희주쏭과 깐풍치킨 요원이 비밀 기지에 도착했을 때, 나는 맨손에서 전기가 나오는 사람에 대해 신나게 얘기했다.

두 요원은 그렇게 임무를 마치고 가 버렸다.

엄마, 아빠와 함께 캠핑에 필요한 준비물을 사러 나왔다가 주유소에 들렀다. 아빠는 내게서 정전기가 일어난다면서 주유기 근처로 오지 말라고 했다.

"아빠도 저한테서 전기가 나와서 싫으신 거예요?"

시무룩하게 묻자, 아빠는 오해하지 말라고 했다.

"두꺼운 스웨터를 입은 운전자가 자동차에 기름을 넣다가 불꽃이 번쩍하면서 주유소에 불이 난 적이 있어. 바로 정전기 때문이었지. 우리나라에서도 정전기 때문에 주유소에서 불이 나는 일이 여러 번 있었고. 그래서 주유기에는 정전기 방지 패드가 붙어 있는 거야."

"그런데 정전기는 왜 생기는 거예요? 희주랑 공자가 저한테서 전기가 튄다며 제 곁으로 오려고 하지 않아요."

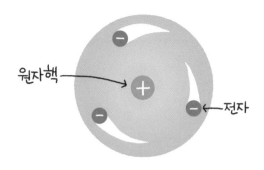

원자핵 →

전자

"모든 물질은 원자라는 것으로 돼 있는데, 원자 안에
는 전자가 있지. 두 물체가 마찰하면 한쪽 물체에 있던
전자가 다른 물체로 옮겨 가."

"이때 생기는 전기를 정전기라고 해. 마찰해서 생기는
전기라서 마찰 전기라고도 하지."

아홉! 답답했던 머릿속이 시원해진다!

조절이 안 되어 불쑥불쑥 튀어나오던 전기 초능력을 이제는 내 마음대로 조절할 수 있을 것 같았다. 삐죽삐죽 꼿꼿하게 솟았던 머리카락이 원래대로 내려왔다.

이제 전기가 나오지 않으니 어서 캠핑을 가자고 엄마 아빠를 재촉했다. 희주와 공자에게도 같이 캠핑을 가자고 했더니, 내 몸에서 나오는 전기 때문에 무섭다며 망설였다. 지금은 전기가 안 나오니까 만져 봐도 좋다고 했다.

　그렇게 우리 가족과 희주, 공자는 함께 달달
산의 캠프장에 도착했다. 텐트를 치고, 짐 정리
를 하느라 배가 몹시 고팠다. 공자가 어디론가
전화했다.

잠시 후 오토바이 여러 대가 줄지어 텐트 앞에 도착하
더니 누룽지탕에서부터 칠리 새우, 유산슬, 고추잡채,
짜장면과 후식에 이르기까지 중국 코스 요리가 척척척
나왔다.

"이것이 공자반점의 힘이지요. 어서 드세요."

짜장면을 먹던 아빠가 산 저편의 풍차를 보며 말했다.

"아, 저기가 우리 마을에 새로 생기는 발전소인가 보
구나? 이름이 친절한 발전소랬지?"

"저 발전소 안에도 동물이 있는 거죠? 동물로 전기를
만들고!"

"아하하! 아무래도 유식이가 누나 장난에 당한 모양이구나. 갈바니가 동물에서 전기가 나온다고 주장한 건 사실이야. 하지만 나중에 갈바니의 친구 볼타에 의해 사실이 아니었음이 밝혀졌단다."

아빠는 웃으며 말을 이었다.

"우리가 사용하는 전기는 대부분 화석 연료를 태워 전기를 얻는 화력 발전으로 만들어져. 하지만 요즘은 친절한 발전소처럼 바람, 파도, 햇빛 같은 친환경 에너지를 이용해 전기를 만들 수도 있단다."

나는 그런 줄도 모르고 죽은 동물에서 전기가 나온다며 떠들고 다녔는데…….

오후에 우리 셋은 숲속에 놀러 갔다가 저녁을 먹으려고 텐트로 돌아왔다. 공자가 휴대폰을 잃어버린 것 같다면서 다시 숲속에 가자고 했다. 어느새 해가 저물기 시작해서 숲속은 점점 어두워졌다.

"너희, 혹시 뱀장어 인간 이야기 들어 봤어? 달달 산에 자주 나타난대."

공자가 갑자기 으스스한 얘기를 꺼냈다.

봤어?

파지직~
파지직~

크아아악~

뱀장어를 전기 프라이팬에 구워 먹다가
전기뱀장어 인간이 되었대. 눈동자가 전깃불처럼 번쩍거리고,
얼굴은 뱀장어처럼 못생겼고! 누가 자기 얼굴을 보면 빠지지직,
감전시켜서 숯덩이로 만들어 버린다는 거야!

숲 바깥쪽의 개울에 검은 그림자가 서 있는 모습이 어스름하게 보였다. 그림자가 두 손을 물속에 넣자 기절한 물고기들이 둥실둥실 떠올랐다!

그날 밤, 텐트에 누운 나는 많은 생각이 들었다.

공룡알 통닭집에서 할아버지의 생명을 전기로 구한 사람은 누구일까? 그 사람도 초능력자인 건 아니겠지? 그리고 숲속에서 본 전기뱀장어 인간의 정체는 뭘까?

전기가 내 심장을 빠르게 뛰게 했다. 그동안 평화로웠던 우리 마을에 수상한 일이 다시 일어날 것만 같았다.

요즘 우리 마을은 새로운 공격에 시달리고 있다. 온몸이 오징어처럼 흐물흐물해지고, 무작정 냉장고 안으로 들어가고 싶게 하는 그 공격의 정체는 바로 불볕더위다!

아직 7월도 되지 않았는데, 우리 마을에는 폭염 경보가 내렸다. 저녁이 되어도 바람 한 점 없는 마을은 프라이팬 위에서 지글지글 녹는 버터 같다.

오늘 저녁 메뉴는 더위를 이겨내기 위한 보양식이라고 했다. 폭탄 마감 세일이라면서 엄마가 장어를 사 오셨고, 아빠는 콧노래를 부르며 장어 구울 준비를 했다. 고소한 냄새를 풍기면서 익어가는 장어를 보며 우리 가족은 군침을 흘렸다. 하지만…….

"유식아, 표정이 왜 그래? 장어 좋아하잖아?"

"아, 그게요."

캠핑장에서 전기뱀장어 인간을 만난 이야기를 할 순 없었다.

근데 걱정하지 마. 이 장어는 전기뱀장어가 아니니까. 후후, 어서 익어라.

장어 말고 전기를 만들어 내는 다른 동물들도 있어.

치직~

전기가오리, 전기메기도 있지.

전기 강아지, 전기 곰, 전기 고양이, 전기 비둘기 같은 건 없어요?

냐!

너무식! 그딴 건 없고, 전기 누나가 있다. 내가 찌릿찌릿하게 해 줄까?

니 얼굴 장어!

ㅋㅋㅋ

슈~슈~

오~ 익었다!

아직 어야!

아니. 됐고, 장어나 먹어.

전기를 만드는 세포를 가졌다니! 말만 들어도 멋있게 느껴졌다.

내 몸속 세포에서 전기가 뿜어진다면 악당들을 간단히 물리칠 수 있을 텐데!

팡팡, 콧구멍 속의 별똥별 코딱지가 후끈 달아오른다! 초능력이다! 초능력이 생기는 느낌이 온다!

그 순간, 팍! 전등이 꺼지면서 어둠에 휩싸였다. 온 집 안이 캄캄했다. 정전이었다.

갑자기 더워져서 전기를 마구 썼더니
정전이 된 모양이구나.

으악! 누가 내 손가락을
깨물었어.

앗, 미안해.
장어인 줄 알았어.

악, 누가 내 코를 깨물었어.
내 엉덩이, 악악, 내 귀! 우리 집에
식인종이 사나 봐!

이상하다?
정말 장어인 줄 알았는데.

나유식, 장어는 아직 익지 않았어.
전기가 들어올 때까지 기다려!

잠시 후, 불이 다시 환하게 들어왔다.

그런데 전기 프라이팬 위에 있어야 할 장어가 사라지고 없었다.

화장실에 간 나는 볼록 나온 배를 문지르며 킥킥킥, 웃었다.

아무도 몰래 어둠 속에서 초능력으로 장어를 익혀 먹었기 때문이다.

이때까지만 해도 나는 마을에 닥칠 블랙아웃의 공포를 알지 못했다.

배불리 장어를 먹고 쉬고 있었는데, 갑자기 팍, 하고
집 안의 불이 모두 꺼졌다.

그랬다. 마을 전체가 불빛 한 점 없이 새까맸다.
당황한 누나와 엄마가 소리쳤다.

아까 전처럼 금방 지나갈 정전일 거라 생각하고 불이 들어오길 기다렸다. 하지만 30분, 1시간, 2시간이 지나도 여전히 마을은 캄캄하기만 했다.

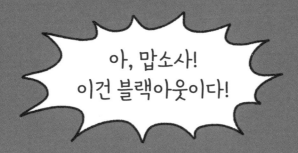

당황한 마을 사람들이 하나둘 밖으로 나와 웅성거리는 소리가 들려왔다.

블랙아웃이 일어나면 벌어질 일들 Ⅰ

❶ 수도가 작동하지 않아 물이 나오지 않는다.

❷ 도시가스 공급 시설이 멈춘다. 가스를 이용하는 기계나 장비를 사용할 수 없게 된다.

❸ 시간이 지나면 건물에 설치된 비상 발전기들이 멈추기 시작한다. 건물 안의 엘리베이터, 환기 장치, 배수 장치가 작동하지 않는다.

서둘러 빨간 내복으로 옷을 갈아입었다. 가족들 몰래
창문으로 나가 공자반점으로 재빠르게 달려갔다.
　자동문이 고장 난 탓에 손님들은 캄캄한 가게 안에서
우왕좌왕하고 있었다.

"물도 안 나오고, 가스도 안 되고, 아무것도 안 돼. 냉장고 안의 음식 재료가 다 상하면 어떻게 하지?"

공자의 부모님은 주방에 멍하니 서 있었다.

흑흑, 공자는 캄캄한 주방 구석에서 울고 있었다.

나는 공자반점의 밖에서 전선을 잡고 전기뱀장어처럼 힘껏 힘을 줬다.

전등에 불이 들어오고 에어컨도 작동하기 시작했다.
손님들이 환호성을 질렀다.

블랙아웃이 일어난 지 4시간이 지나서야 전기가 다시
들어왔다.

나는 완전히 힘이 풀려 물에 젖은 솜뭉치처럼 늘어진
채 침대에 쓰러졌다.

다음 날, 어젯밤 블랙아웃이 뉴스에 나왔다.

엄마 아빠의 말을 듣다 보니 할머니가 병원에 입원 중이라던 희주의 말이 기억났다. 나는 곧바로 희주에게 전화를 걸었다.

내 심장이 찡찡, 울리면서 감전된 듯 아파 왔다. 심장은 전기로 뛰는 것이 확실했다.

전기에 대해 생각하자 문득 지난번에 본 전기뱀장어 인간이 떠올랐다. 이번 블랙아웃이 혹시 전기뱀장어 인간과 관련 있는 건 아닐까?

나는 용기를 내야 했다. 빨간 내복으로 변신한 후 전기 뱀장어 인간을 본 달달 산의 캠프장으로 향했다.

저 멀리에서 불빛이 반짝이고 있었다. 그곳은 바로 친절한 발전소가 있는 곳이었다.

서둘러 달려가 주변을 살폈다. 아니나 다를까! 전기뱀장어 인간이 발전소의 철조망 근처를 오가고 있었다.

나의 온몸에서 불꽃이 일어날 정도로 전기가 흘렀다.
난 두 팔로 전기뱀장어 인간을 잡았다.

그러나 전기뱀장어 인간은 더 강력한 전기를 내게 흘
려 보냈다.

나는 그만 정신을 잃고 쓰러졌다.

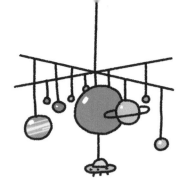

눈앞에 공룡 로봇이 입을 벌리고 있었다.

태양계 모형이 빙글빙글 돌아갔고, 우주선이 매달려 있었다. 여기는 어디일까? 희미한 뒷모습이 보였다. 저 콧수염은 아, 우주인 박사였다.

나유식 군, 정신 차렸구나. 코를 골며 잘 자고 있어서 깨우지 않았어.

앗, 내가 빨간 내복이란 걸 들켜 버린 게 아닐까?

"숲속에서 불빛이 비쳐서 달려가 봤더니 네가 빨간 내복을 입은 채 쓰러져 있더구나."

우주인 박사는 이미 눈치를 챈 모양이었다.

"발전소에는 왜 갔던 거니?"

나는 블랙아웃과 전기뱀장어 인간에 대해 털어놨다.

그러고 보니 전기뱀장어 인간을 물리치려면 전기에 대해 더 자세히 알아야 할 것 같은데……

"우주인 박사님, 그런데 전기는 어디에서 생기는 것인가요?"

세상 모든 물질은 전하를 띤 입자를 가지고 있어. 원자 속 원자핵과 전자도 그런 입자야. 여기서 전하란 전기를 일으킬 수 있는 성질을 뜻해.

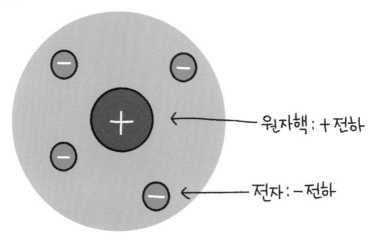

원자핵 : + 전하

전자 : − 전하

전하는 많이 모인 곳에서 적게 모인 곳으로 가려는 성질이 있어. 이때, 상대적으로 가벼운 전자가 이동하게 돼. 그렇게 전하가 이동하면 전기가 흐르는 거야!

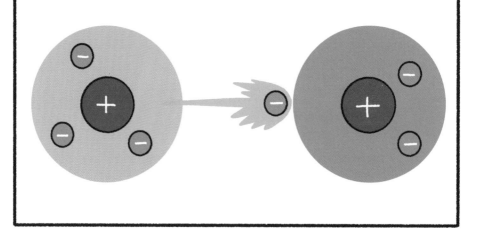

전기에 대해 드디어 알아낸 내가 초능력을 번쩍거리
고 있는데, 우주인 박사가 내 속을 들여다보듯 말했다.

"혁, 제 비밀을 어떻게……."

"후후, 안심해. 더는 캐묻지 않을 테니까. 그보다 급한
일은 따로 있지 않니?"

우주인 박사는 미소를 지으며 손을 내밀었다.

"나와 힘을 합쳐 보는 건 어때?"

우주인 박사는 나를 위해 몇 가지 특수 도구를 만들어
줬다. 반짝거리는 신발과 옷, 마스크였다.

썬더로드 : 뒤꿈치가 바닥을 누를 때와 발을 내디딜 때
전기를 만들 수 있는 특수 신발.

썬더볼트 : 발전기가 달려 있어
체온을 전기로 바꿔 준다.
추운 곳일수록 전기가
더 많이 만들어진다.

썬더파워 : 마스크에는 안쪽에 작은
바람개비가 달려 있다. 숨을 쉬면
바람개비가 돌면서 온종일
전기를 만들어 낸다.

"너무식, 다시 유치원생이 된 거야?"

아이들이 놀렸지만, 나는 꿋꿋이 전기를 만들며 전기 초능력을 더 강력하게 만들었다.

교실은 몹시 더웠지만, 에 선생님은 블랙아웃이 올 수 있으니, 전기를 아껴야 한다며 에어컨을 켜지 못하게 했다.

나는 콧구멍에 플러그를 꽂아 에어컨을 돌렸다.

밤에는 머리에 전구를 묶어서 길을 밝혔고, 다림질이
급할 땐 엉덩이 사이에 전선을 끼워 전기다리미를 켰다.
나는 전기 초능력으로 모든 가전제품을 자유자재로
작동시키고 돌리고 멈출 수 있었다.

"요즘 우리 마을에 정전 사고가 자주 일어나지? 그치만 곧 친절한 발전소가 완공되면 환경 오염을 시키지 않는 전기가 만들어진단다. 그것도 아주 많이!"

에 선생님이 교실의 텔레비전으로 발전소 사장의 인터뷰를 보여 줬다.

그날은 엄청난 낮 더위가 밤에도 계속되었다. 내 콧구
멍에서 전기가 나오는 게 지칠 정도여서 에어컨을 켤 수
없었다. 우리 가족은 더위를 피해 공원으로 갔다. 약간
높은 언덕에 돗자리를 깔고 앉아 공룡알 통닭을 먹으려
는 순간, 팍!

가로등들이 꺼지며 순식간에 공원이 어둠으로 뒤덮였
다. 언덕 아래로 내려다보이는 마을의 불빛들이 팍, 팍,
팍 꺼지면서 마을 전체가 암흑으로 변했다.

블랙아웃이 일어나면 벌어질 일들 Ⅱ

❹ 병원 비상 발전기의 연료가 바닥나 작동을 멈춘다. 의료기기들이 멈춰서 환자들이 위험해질 수 있다.

❺ 통신 시설의 비상 발전기가 작동을 멈춘다. 통신망이 끊어져서 응급 연락을 할 수 없다.

지금 수술이 불가능해요!

어쩌죠? 응급환자 입니다.

❻ 경찰서와 소방서의 비상 발전기가 작동을 멈춘다. 치안이 약해져서 범죄가 일어나기 쉬운 상태가 된다.

❼ 공장의 위험한 화학 물질이 공장 밖으로 나오거나 원자력 발전소가 폭발할 수 있다.

강도다!

정전이면 CCTV도 안 된다는 거잖아!

쾅!
절레절레~
으~ 생각도 하기 싫다!

졸린 척 하품을 하면서 방에 들어와 방문을 잠갔다.

마을이 위기에 빠졌다. 빨간 내복이 출동할 때다!

사람들이 위험에 처한 곳으로 달려갔다.

불 꺼진 신호등 위로 올라가 전선을 잡고 힘을 줬다.

빠지지직-.

우왕좌왕하던 자동차들이 신호를 보고 안전하게 지나

갔다.

빌딩으로 달려가 사람들이 갇힌 엘리베이터의 전선을

잡고 힘을 줬다.

빠지지직-.

사람들이 빠져나오며 '휴, 다행이다!'하고 한숨을 쉬

었다.

그때 빌딩 지하실에서 물소리가 들려왔다, 배수펌프
가 멈춰서 지하수가 콸콸 차오르고 있었다. 얼른 지하실
로 뛰어 내려간 뒤 배수펌프를 잡고 전기를 내뿜었다.

'아! 병원에 계신 희주 할머니!'

그러나 나의 초능력으로는 병원 전체에 전기를 보낼
수 없었다. 발전소를 찾아가 블랙아웃을 해결하는 방법
말고는 다른 방법이 없었다!

나는 친절한 발전소 근처를 살펴보며 전기뱀장어 인
간을 찾다가 이상한 점을 발견했다.

친절한 발전소의 고열량 사장과 경비원들이 사나운
경비견을 끌고 나타났다. 나는 끊어진 전선을 가리키며
어떤 악당이 나쁜 짓을 했다면서 어서 이 전선을 발전소
에 연결해야 한다고 외쳤다. 그런데…….

고열량 사장의 경비원들과 이빨을 드러내며 으르렁거
리는 경비견들이 점점 다가왔다. 나는 근육에 힘을 줘서
전기를 내뿜었다.

뒤에서 지켜보던 고열량 사장은 창고로 도망치더니,
금세 검은 고무장갑과 장화, 고무 옷을
입고 나타났다.

고열량 사장의 손을 잡고 강력한 전기를 쏘았지만, 고
열량 사장은 끄떡없었다. 빠직, 빠직, 빠지지직, 나는 계
속 전기를 내보냈지만, 고열량 사장은 간지럽다면서 비
웃을 뿐이었다.

털썩, 힘을 잃은 나는 쓰러지고 말았다.

빨간 내복을 묶어라. 우리는 계속 전기를 훔치기로 한다. 1시간만 더 훔치면 충전소가 가득 찰 테지. 그러면 다시 전기를 비싼 값에 마을에 팔면 되는 거야. 이렇게 쉽게 돈 버는 일이 어디에 있을까? 크하하하!

크르릉~

으르렁~

고열량 사장은 블랙아웃을 일으켜 다른 발전소에서 마을에 보내오는 전기를 중간에서 가로채고 있었다. 경비원들이 꽁꽁 묶인 나를 자동차에 태웠다. 낑낑거리며 탈출하려고 몸부림칠 때 누군가 문을 열었다. 눈이 전깃불로 번쩍이는 그 사람은 바로 전기뱀장어 인간이었다!

'전기뱀장어 인간? 고열량 사장과 같은 편이었구나!'

내 힘으론 할 수 있는 게 아무것도 없다는 생각에 눈물이 차올랐다. 하지만 놀랍게도 전기뱀장어 인간은 나를 묶은 끈을 풀어 주었다.

어리둥절한 눈으로 전기뱀장어 인간을 바라봤다.

지난번에 공격해서 미안하구나.
나는 네가 고열량 사장의 경비원인 줄 알았어.
어서 도망쳐라.

혼자 도망칠 수 없어요.
블랙아웃이 계속된다면 마을이
위험하다구요!

그때 고열량 사장이 경비원들과 함께 다시 나타났다.

"넌 또 뭐야? 저 녀석과 한 패냐?"

전기뱀장어 인간은 당황한 듯 뒷걸음질을 쳤다.

"저건 고무 옷이잖아? 고무는 부도체라 엄청나게 강한 전기가 아니면 통하지 않을 텐데……. 나 혼자선 쓰러트릴 수 없어."

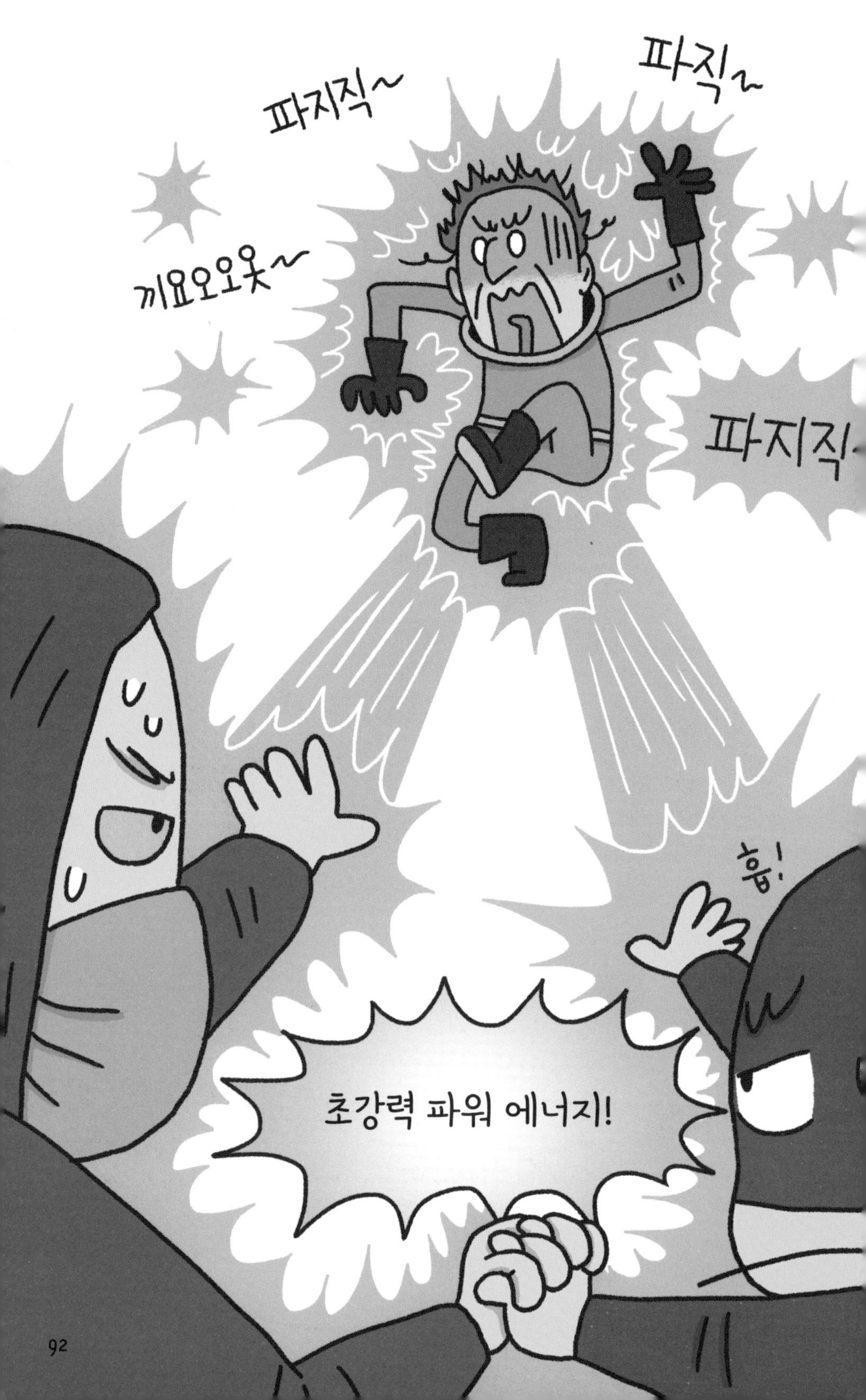
파지직~
파직~
끼요오오옷~
파지직
흡!
초강력 파워 에너지!

번쩍, 엄청난 전기가 튀더니, 고열량 사장의 머리카락
이 다 타서 뭉실뭉실 연기가 피어올랐다.

우리는 고열량 사장과 경비원들을 풍차에 묶어 놓고,
가짜 발전소라는 메모를 남긴 후 경찰에 신고했다.

"아저씨, 오해해서 죄송해요. 저는 아저씨가 나쁜 사
람인 줄로만 알았어요."

뱀장어 아저씨는 자기도 그랬으니 마찬가지 아니겠느
냐며 웃었다.

"그런데 아저씨는 어떻게 전기를 쏘실 수 있는 거예
요?"

뱀장어 아저씨는 고열량 사장을 막기 위해 친절한 발전소를 조사하던 중이었다고 했다. 혹시 통닭집 손님을 구한 사람도 아저씨였냐고 묻자, 아저씨는 멋쩍은 미소를 지으며 고개를 끄덕였다. 아저씨는 이 일을 비밀로 해 달라며 조용히 길을 떠났다. 나도 언젠가 저렇게 멋진 히어로가 될 수 있을까?

사건이 끝난 후, 마을 사람들은 친절한 발전소가 가짜였다는 소식에 실망하고 화를 냈다. 그러자 우주인 박사가 좋은 방법이 있다고 했다.

개똥을 모아 그 가스로 전기를 만들었고, 공원 화장실의 오줌을 미생물이 분해해 전기를 얻었다.

희주와 공자와 나는 개똥으로 밝히는 가로등 밑에서 공자가 가져온 깐풍치킨을 먹었다.

신기한 장난감이 가득한 우주인 박사의 방에서
다른 부분 열 군데를 찾아보세요.

퀴즈 정답

28쪽

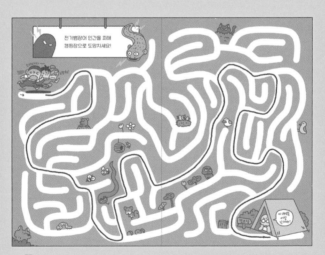

50쪽